新版

鳥獣被害対策マニュアル

農文協

鳥獣被害の原因

鳥獣被害を増やしていませんか？

鳥獣被害が増えるのは、被害を増やすような状況が集落内に放置されていたり、当事者として自覚ある取り組みになっていないからです。集落の現状を皆で確認してみましょう。

餌付けしていませんか？

被害が起きる原因のひとつは、集落内に食べても人間が怒らない餌と安全な潜み場があるからです。

人馴れさせていませんか？

餌となるものが集落内に放置され、しかも追い払いもしなければ、野生動物は安全な餌場として認識します。

- たまたま集落に行ったが、危ない目に遭わずに餌が食べられた。もう一度行ったが、再度危ない目に遭わずに餌が食べられた。
  ➡「ここはいつ行っても餌を食べられる場所」と学習します。
- 集落に行って人に見つかったが、簡単に逃げることができた。もう一度行った際も人に見つかったが、今度も簡単に逃げられた。
  ➡「人間はこっちを見ても何もしてこないので、人間は怖くない」と学習します。

人間本位に考えていませんか？

動物がどうしたら本当に嫌がるか？ 動物の目線になって考えることが必要。

人間はこう考える		動物の気持ちになれば…
専門家に任せれば安心!!	➡	「住民は見ているだけで追い払いしてこないから全然怖くない！」と思っています。専門家任せにせず、住民も当事者になりましょう。
爆音機や花火で驚かせば簡単に逃げていく!!	➡	「大きい音がするから最初は怖かったけど、何にも危害がないから怖くない」と思っています。大きな音には慣れてしまうので、別の対策をとりましょう。
耕作する田畑さえ守ればOK!!	➡	「人間が管理している圃場以外に出ても何も怒られないから大丈夫」と思っています。荒廃農地も監視領域にして、草刈りをしたり、追い払ったりしましょう。
柵を設置さえすれば大丈夫!!	➡	「いつも変わりばえのしない柵だから、一度突破できたら楽勝だ」と思っています。柵の維持・管理はとても重要です。定期的に点検し、トラブルの早期発見に努めましょう。

基本的な手順

対策 鳥獣被害対策はどうすすめる?

鳥獣被害への対策は、以下の①～④の順序で行いましょう。これを火事への対応に例えると、第一に防火(①、②)、第二に初期消火(③)、第三に消防署による消火活動(④)ということになります。

① みんなで勉強!

野生鳥獣の生態や習性を知り、何が餌付けになるのかと集落のみんなで理解することが重要です。普段の行動が餌付けになっていることに気づきましょう。そのうえで、自分たちで何ができるのか考えてみましょう。

② 守れる圃場、守れる集落に環境改善!

野生鳥獣にとって餌場としての価値が低くなるように、圃場や家の周りの環境を改善していきましょう。潜み場となるヤブや竹林は刈り払い、餌となる放任果樹は処分します。また収穫残渣や生ゴミも放置せず埋設などの処置をしましょう。

③ 柵で囲い、皆で追い払い!

柵で圃場を囲うことは有効な対策ですが、集落内の餌のうち、柵内のものだけを手出しにくくする手段にすぎません。周りに餌があれば野生鳥獣は柵の外を狙います。効果をあげるために、柵の周りの環境が餌付けになっていないか確認したり、草刈りをしたりして、メンテナンスをしっかり行いましょう。

また、追い払いは集落の皆で日常的にやりましょう。ロケット花火がなければ石ころ、木切れを投げつける、大声で威嚇するだけでも良いのです。各人ができる範囲でかまいません。人間は怖いぞという態度をしっかりととることが大切です。

④ 駆除

①～③までをしっかりやることで、実際に被害を出している個体を効率よく捕獲することが出来ます。
(集落に餌がなければ、罠の餌が魅力的に見えるのです)

鳥獣害対策の基本ポイント

まずは、鳥獣を寄せつけさせない環境づくりが、対策の基本です。身のまわりを点検し、ヤブの刈り払い、追い払い、収穫残渣や生ゴミの撤去などを行いましょう。また被害が進行した場合には、柵を設けたり、捕獲したりすることが、重要な対策となります。

ポイント その1 近づけさせない！

田畑近くのヤブは、野生鳥獣の格好の潜み場となります。また、見かけてもそのままにしておくと、どんどんと人慣れが進みます。地域ぐるみで潜み場の解消や追い払いを行い、野生鳥獣を近づけさせない環境をつくっていきましょう。

潜み場をなくす

家や田畑のまわりのヤブは、鳥獣にとって格好の潜み場や田畑への侵入路となっています。ヤブを刈り払い、見通しの良い場所に変えていきましょう。

追い払う

農作物の生育期や収穫期だけでなく、見かけたら年中追い払いましょう。「人間は怖い！危険だ！」と学習させることが必要です。

花火を使った追い払い。自分から動いて山際の先まで追い払う

追い払い用のロケット花火。ホルダーに装着して使用する

ポイント その2 「餌場」をなくそう！

農作物はもちろんのこと、身のまわりの思わぬものが野生鳥獣を引き寄せます。野生鳥獣にそこが餌場だと学習させないように、田畑や家のまわりの環境を改善していきましょう。

放任果樹

利用されていない果樹は可能であれば伐採する

ヤブ

イノシシ等の隠れ場や食事場所になってしまうので、集落内のヤブはきちんと刈り払う

廃棄作物

農地脇に捨てられたブドウ。そのまま捨てずにコンポスト等にしたり、地下に埋没する

生ゴミの処分

生ゴミは柵やトタン板でガードする

ポイント その3 柵で囲って守る！

鳥獣被害を減らすためには、藪の刈払いや生ゴミの管理などの環境管理を行ったうえで、農地を適切な防護柵で囲むことが効果的です。防護柵には金網柵、ネット柵、トタン柵　ワイヤーメッシュ柵、電気柵などがあり、複数の柵を組み合わせた複合柵もあります。被害を与えている獣種によって、効果的な柵は異なりますので、獣種と資材の見極めが重要です。

また、柵を設置する際は農地を完全に囲ってください。たとえ農地の一辺が川や急な坂に面していたとしても、農地の全周を囲わなければ効果は発揮できません。

物理柵

物理柵とは強度をもたせた柵の高さによって、野生鳥獣の侵入を防ぐものです。金網柵、ワイヤーメッシュ柵、ネット柵などがあります。イノシシやシカには高い効果を発揮するが、サルやハクビシンなど登ることが得意な獣種には効果が下がります。

電気柵

電気柵は野生鳥獣に電気ショックを与え、恐怖心をもたせることで侵入を防ぐもので、心理柵とも呼ばれます。物理柵と組み合わせることでサルやハクビシンにも有効ですが、こまめなメンテナンスが欠かせません。

❗ 飛び越えやくぐり抜けにも対応を

金網柵やネット柵は地際に単管パイプなど棒状のものを添わせて固定し、くぐり抜けを防止します。

❗ 定期的に柵のメンテナンスを

柵に穴が開くと、野生鳥獣はその場所を覚え何度も侵入してきます。定期的に柵を見回り、穴の開く前に補修しましょう。

ポイント その4 効果的な捕獲をする！

被害が減らない場合には、捕獲を行います。効果的な捕獲とは、被害を引き起こしている個体を狙うことです。ただし、捕獲には免許が必要です。免許を取得し、積極的に捕獲に取り組みましょ

山の10頭 <《より》 里の1頭を

山奥の鳥獣の捕獲数を上げるより、田畑の食べ物に依存する鳥獣を狙うほうが、被害は減少します。

加害個体を捕獲する捕獲方法

農作物被害のための捕獲は里の加害個体を捕獲しなければならないので、銃やくくりわなは向きません。これらの手法は使用できる場所の制限や誤射事故、手負いの個体を出しやすいなどの問題があるためです。

箱わな・囲いわな ＞ くくりわな ＞ 銃

獣種別の特徴

こんなサインに要注意！

効果的に鳥獣害対策を行うためには、被害を出している獣種を正確に特定する必要があります。特定のためには、被害の現場やその周辺に残された、しるしを的確に見分けなければなりません。足跡、糞、などは、そのときの状況や食べているものによって変化します。ですから、このページで紹介している足跡や糞の形もあくまで目安であり、実際にはそれぞれの痕跡を総合的に判断する必要があります。

また、見落としがちなことですが、ある特定の獣種の痕跡を見つけたことで、その背後にいる獣種を見逃してしまう場合があります。こうなると、獣害対策をしているにもかかわらず、被害がいつまでも続くことになりかねません。

足跡

注意

足形がそのまま足跡として地面に残ることはまれです。形は状況によって異なります

イノシシ

4本指ですが、前2本の痕跡だけの場合も多くあります

シカ

4本指ですが、痕跡が残るのは前2本だけです

サル

5本指ですが、親指が短いため4本指に見える場合があります

ハクビシン

5本指で、指が短いのが特徴です

アライグマ

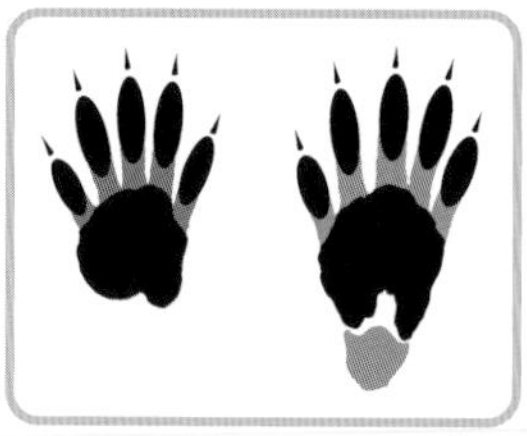

5本指で、指が長いのが特徴です

タヌキ

4本指で、犬に似た足跡になります

アナグマ

5本指ですが、指が短く爪が長いことが特徴です

糞

注意

写真はあくまで典型例です。実際には餌や乾燥状態によって形状は異なります

イノシシ

粒状のものが一塊になっていて、乾燥するとバラバラになります。ため糞はしません

シカ

粒状で俵型が多い。ため糞はしません

ハクビシン

ため糞をします

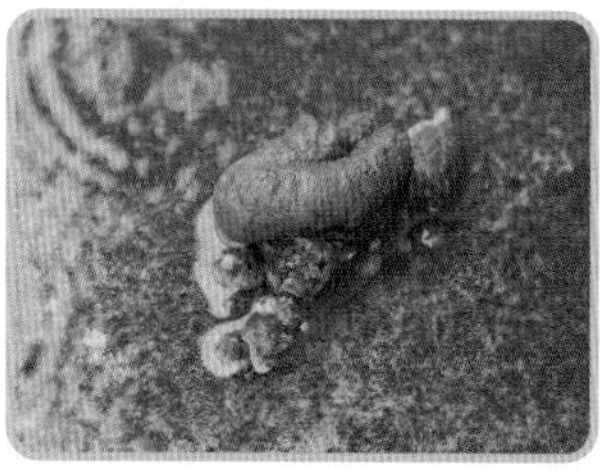

アライグマ

餌により形状と色はさまざま。ため糞はしません

タヌキ

ため糞は比較的大きく、形状は形状は食べたものによります

その他の痕跡

イノシシ

ヌタ場はイノシシがヌタ打ち（泥遊び）をする窪地。周辺にはヌタ打ちのあとに体をこすりつけた木などがよく見つかります

シカ

9月～11月に雄鹿の角こすりによって、樹幹の樹皮が大きくはがされます

ハクビシン

袋掛けされた果実では人の手でしたようにきれいに袋が破られています

アライグマ

アライグマの食害では、「前足の痕跡」が特徴的です。袋掛けされた果実などでは袋が破られ、その周りが前足の泥によって汚れています

タヌキ

実をもぎ土の上で食べますが、土のついた部分は食べず、実の上の部分だけを食べます

カラス

カラスのくちばしに一致する大きさのＶ字型の切り裂きが明瞭

センサーカメラの利用

最近では、獣が近寄ると自動的に撮影する、センサーカメラが手頃な価格で販売されています。これであれば被害を出している獣を映像で確認できるので、特別な経験も必要なく確実に獣種を特定することができます。また箱わな等で対象となる獣を捕獲する場合、餌付けをして、箱の中まで獣を誘引してからタイミングを見計らって扉が落ちるトリガーを仕掛けます。このとき、足跡だけでは、獣がどの程度箱わなに入っているのかを判断するのが難しいのですが、画像で確認すれば一目瞭然です。またイノシシやアライグマなど、母子の群れで行動している場合は、群れの何頭が罠の中に入っているか、母親が入っているかなどについても、判断が容易になります。

センサーカメラを設置すると、扉周辺の動物の行動を確認することができるので、適切な誘引餌の管理や扉を落とす時期がわかります

電気柵設置の基本

正しく使えば、高い効果を発揮する電気柵ですが、実際のところ正しく使えているのは３割ほどで、その他多くの電気柵が野生動物の侵入を許しています。そこでこのページでは電気柵の適切な設置方法、電気柵設置の基本を説明します。

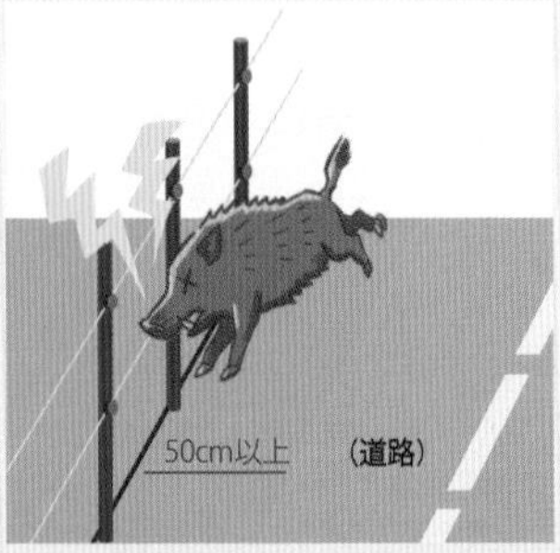

電気は足から地面へ流れる

動物に電気ショックを与えるには鼻先に柵線を触れさせる必要があります。鼻先から入った電流が足から地面(土)に抜けて初めて電気ショックが起きます。鼻先以外の体毛のある部位で柵線に触れてもあまり電気ショックを感じません。

アスファルトには電気が流れにくい

舗装道路沿いに電気柵を張る場合、農地と道路の境界に支柱を立てる方が多くいますが、これはダメな設置です。このダメな電気柵に野生動物が触れた場合、イノシシやシカの足は電気の通りにくい舗装道路上となり、これでは大きな電気ショックをあたえることができません。前足だけでも土の上にくるように舗装道路から50㎝以上内側に支柱を設置してください。

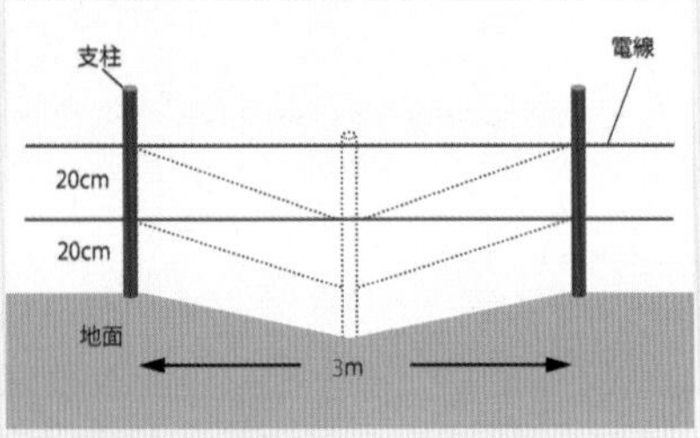

一段目が20㎝の高さになるように調整する

支柱の間隔

電気柵の支柱は２～３ｍおきに立てます。４ｍ間隔としているマニュアルもありますが、設置作業に慣れていないと柵線がゆるんで垂れてしまいやすいので３ｍ間隔の設置をおすすめします。

凸凹面では支柱を追加

電気柵を設置する地面がどこも平坦とは限りません。凸凹のある地面に一定間隔で支柱を配置してしまうと、地面から柵線までの高さが規定より大きくなることがあるので注意しましょう。凸凹の地面の場合は支柱を追加して、柵線がつねに地面から同じ高さになるように調整します。

ガイシは外側(動物側)に付ける

電気柵に近づいたとき、すぐそばに支柱が立っているとイノシシなどの動物は柵線よりも支柱をはじめに触ることがあります。このとき、ガイシを内側(作物側)に向けてしまうと、動物たちは柵線にまったく触れることなく支柱を押し倒すことが可能になります。ガイシを外側(動物側)につければ、動物たちは支柱に触りながらガイシに張られた柵線に触れる確率も高くなります。

電気柵の柵線の高さは獣種によって異なります

柵線は動物の体のサイズや行動を考慮してそれぞれに適した高さで設置します。イノシシであれば柵線を20cmと40cmの高さに張る２段張りが一般的です。イノシシは、初めてのものにまず鼻ｋ触る習性があります。成獣のイノシシがリラックスして立ったとき、鼻の位置はだいたい地面から40cmの高さです。また、餌探しで地面を探査するときは鼻先が40cmより下になります。地面から20cmと40cmに柵線があればイノシシが鼻で触りやすくなります。イノシシに限らず、その動物に適した高さに柵線を設置しないと、いきなりくぐり抜けようとすることもあるので、柵線を設置する高さには注意が必要です。

電気柵とは

電気柵は金網柵などと異なり、動物に痛みを学習させることによって柵への忌避効果を発揮させます。しかし、動物に痛みを与えるためにはいくつかの条件（電気柵設置の基本）を守る必要があります。

電気柵の基本的な構成は、電気を柵に送り込む電柵器（本体）と電気を流す柵線、柵線を張るための支柱、柵線と支柱を繋げるガイシに分けられます。電柵器は２本の線が繋がっており、プラスの線を柵線に、マイナスの線をアースにつなぎます。

設置したらすぐに電流を流し24時間通電し続けます。収穫後電源を切ったらすぐに電気柵を片付けましょう。これは電気の流れていない柵線に触って「柵線に触っても痛くない」と学習をされるのを防止するためです。

24H

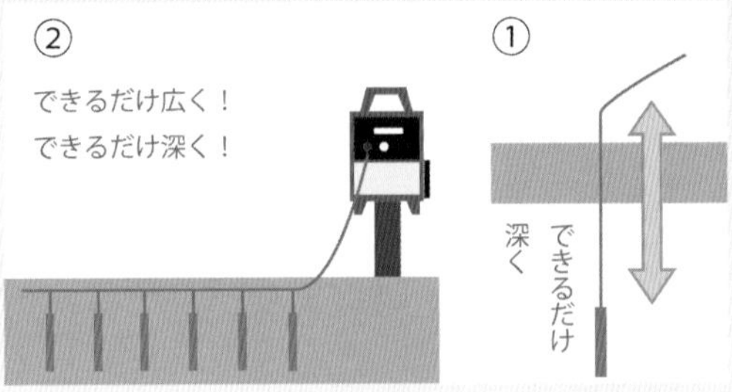

電気柵は地球（アース）との共同作業

電気柵を効果的に働かせるためにはアースの設置が欠かせません。アースの設置は深く広くが原則です。５、６本のアース線が１本の電線につながれているものの場合はできるだけ広げてアースを打ち込みましょう。アース棒が一本だけの場合、なるべく深く打ち込んでください、アース棒が短い場合は、金属パイプや鉄の棒などにアース線をついないで深く打ち込みます。電気柵の効き目が見違えるように変わることがあります。

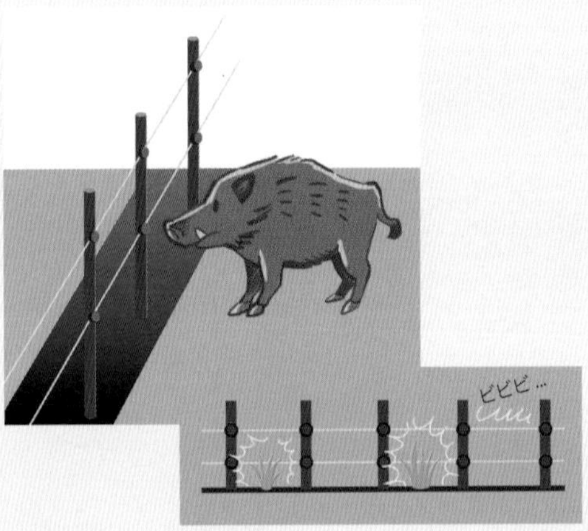

漏電を防ぐ雑草対策

下草が柵線に触れると漏電状態となり、柵線に流れる電流が弱くなってしまいます。これを防ぐには定期的な下草刈りが必要ですが、管理が煩雑です。そこでおすすめするなのが地面にマルチや防草シートなどを被せ、下草が伸びないように抑制することです。シートを利用する場合は、支柱をシートの外寄りに立てるとよいでしょう。またシートを縦半分に切ればより経済的に使えます。

動物の前足がシートの上にきても、よほど分厚いシートでなければ電気柵の効果は保てます。また仮に分厚いシートであっても、イノシシやシカの後ろ足がシートの外側の部分にあれば、電気柵の効き目に変わりはありません。

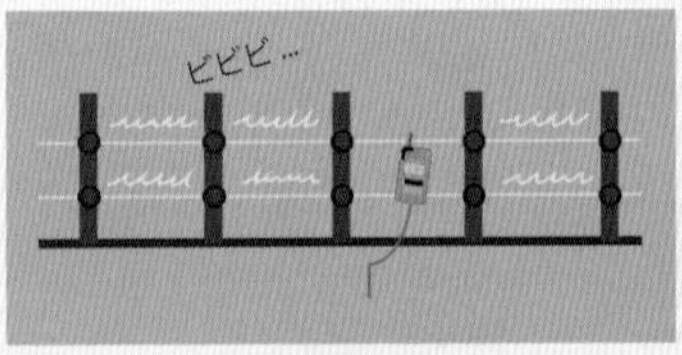

テスターで点検管理

電気柵の点検にテスターは欠かせません。テスターはアース付きのものがおすすめです。アースのついてないテスターは、柵線上にどれだけの電圧が流れているかを測定します。一方アース付きのものは、動物の体をどれだけの電圧が流れるかを示しています。テスターの柵線に触れさせる部分が、動物の鼻、テスター本体が動物のからだ、アースが動物の足と見做すことができます。鼻から入った電気が足先から抜けて電気ショックを受ける仕組みと同じになります。このとき、注意してもらいたいのが、テスターのアース棒の使い方です。つい、アース棒を土の中へ差し込んでしまいたくなりますが、正しくはアース棒を地面に置いて足で踏みながら電圧を測定します。動物の足は地表にありますから、同じようにアース棒を地面に置くことで電気柵の実際の効き目が予測できます。

電気柵の安全仕様

2015年に静岡県で起きた電気柵による死亡事故は大きく報道され、国民が電気柵の安全性について懸念する事態となりました。しかし、あの事故の原因となった電気柵は自作されたもので、法令で定められた安全装置が一切ついていないものでした。私たちが使う市販の電気柵は、電圧（ボルト）は高められていますが、命に関わる電流（アンペア）はあらかじめ低くなっており、2015年のような事故は起きないと考えてよいでしょう。また、電気柵は低い電流に変換した上で約１秒間隔のパルス方式（間欠的）で柵線に送電しており、電気が体内に連続して流れない安全仕様になっています。

日本電気さく協議会
安全の為の自主基準　https://www.nihondenkisakukyogikai.org/page/safetystandards

複合柵の基本

現在、獣害対策として使われる侵入防止柵には、「物理柵」（ワイヤーメッシュ柵／金網柵／トタン板／ネット柵など）と「心理柵」（電気柵）があります。物理柵とは、強度を持たせた柵の「高さ」で、獣の出入りを防止する柵のことです。施工に労力がかかってしまいますが、電気柵ほどこまめな管理は不要です。心理柵とは、野生動物に痛みなどを学習させ、柵を回避する行動をとらせる柵のことで、電気柵が一般的です。電気柵は設置が比較的容易で、価格も安価ですが適正な電圧を維持しておくことと対象鳥獣に合わせて電線の高さと段数を調節することが必要です。近年では、物理柵と心理柵を組み合わせた、複合柵が主流となりつつあります。

複合作は、設置に労力もかかりますが、複数の獣種に対応する必要のある場合に効果を発揮します。また登ることが得意なサルやハクビシンが加害獣の場合、物理柵では効果が薄いのですが、物理柵に心理柵を追加した複合柵ならば、これらの加害獣に対しても、高い効果を発揮します。

イノシシ

ワイヤーメッシュ柵
- 高さ100cm
- 目合10×10cm
- 地際は直管パイプを沿わせる等で補強

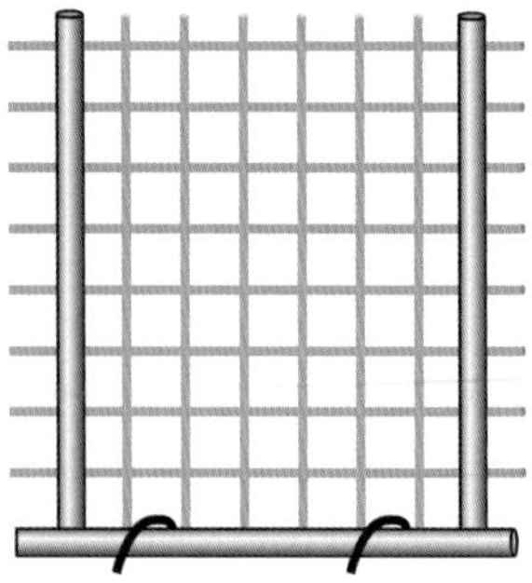

電気柵
地上高20㎝と40㎝の2段張り

加害している獣種が１種の場合

イノシシを止めるためには、物理柵ならばワイヤーメッシュ柵、または金網柵が有効です。ただし、イノシシは70kgのものを持ち上げる力があるので、地際に直管パイプを添えてその上からＵ字アンカーを打ち込むなど、簡単に柵を持ち上げられないように補強しておく必要があります。柵の高さは100cmほど、目合の大きさは10 × 10cm以下とします。電気柵を利用する場合は地上から20cmと40cmの２段張りとします。

シカ

150cm以上の金網柵を導入
または
ワイヤーメッシュ柵を上部に追加。高さを150cm以上にする

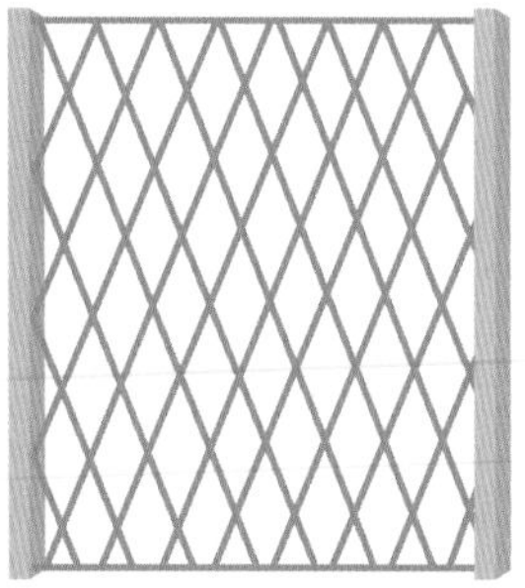

電気柵
地上高20・40・60・80・100・120・140・160㎝の8段張り

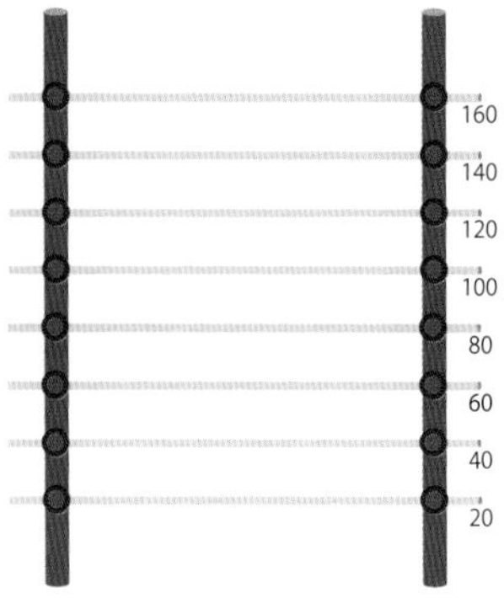

加害している獣種が１種の場合

シカを止めるためには、物理柵ならば、150㎝以上、目合10 × 10㎝の金網柵が有効です。電気柵を利用する場合は、地上から20㎝間隔の８段張りが理想です。ただ、シカにはまれに電気ショックに耐えたり、電気柵を壊す個体がいるので、可能であれば金網柵を設置した方が安全です。

加害している獣に合わせて柵をパワーアップ

加害する獣が段階的に増えた場合、獣種に合わせて柵を変化させる必要があります。このとき、加害している獣種の組み合わせと既存の防護柵があるかどうかという点が重要になります。下の図は、イノシシ、シカ、サル、ハクビシン・アライグマ、アナグマの順で、獣種が増えていった場合の柵の変化の一例です。

イノシシ用の柵は高さ 100㎝以上の物理柵もしくは高さ 20・40㎝に柵線を張った電気柵です。物理柵を設置する際のポイントは地際を補強することで、柵の目合の大きさは 10×10㎝以下となります。

次にシカが加わった場合。シカ用の物理柵には高さが必要になるので、ワイヤーメッシュを追加するなどして150㎝以上を確保します。一方、電気柵を使うのならば、イノシシ、シカ共用となります。

これにサルが追加されると、物理柵だけでは効果が期待できないので、複合柵の使用が効果的です。既存の物理柵があれば、その上部に電気柵を追加し、既存の電気柵があれば、物理柵を導入したうえで、その上に電気柵を取り付けます。

ハクビシン・アライグマが追加される場合は物理柵の目合を潜り抜けてしまわないように、物理柵の後ろに防風ネットを追加します。また電気柵の柵線の間隔を 10㎝から 5㎝に変更します。

さらにアナグマが追加されて場合、アナグマは土を掘ることが得意なため物理柵を地中に 20cm ほど埋める必要があります。

サル

ハクビシン・アライグマ

アナグマ

既存の物理柵の上部に電気柵を追加。
物理柵の上端と柵線の距離は5㎝
または
既存の電気柵に高さ150㎝以上の金網柵を追加。

ワイヤーメッシュ柵もしくは金網柵の背後に防風ネットを追加。
目合から中型獣が侵入することを防ぎ、上部の電気柵に確実に触れるようにする

ワイヤーメッシュ柵、金網柵またはトタン板の下部20㎝を地下に埋設する。
ワイヤーメッシュ柵、金網柵またはトタン板の上部に追加した防風ネットを目合4㎜以下のものにする

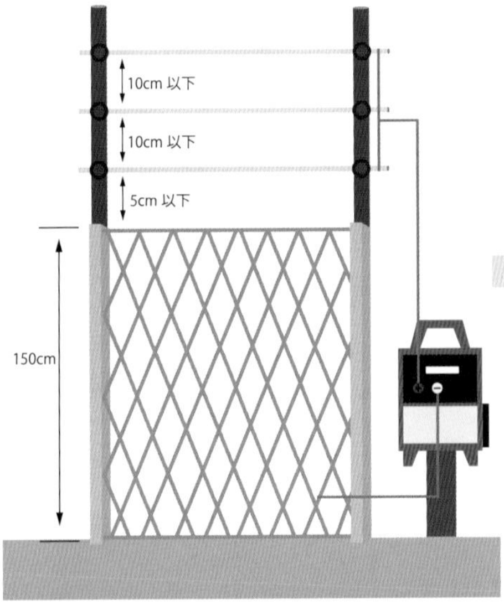

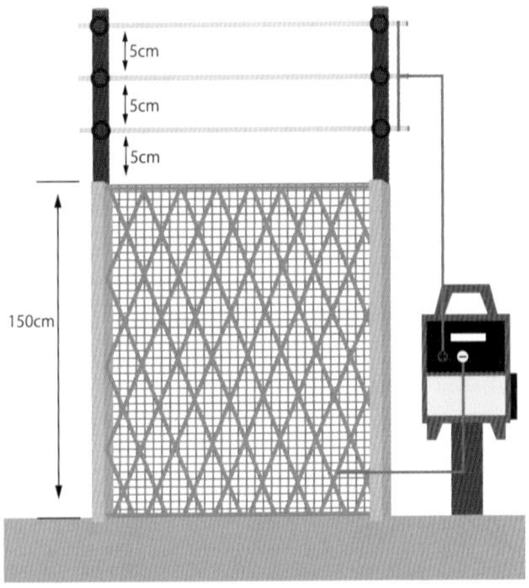

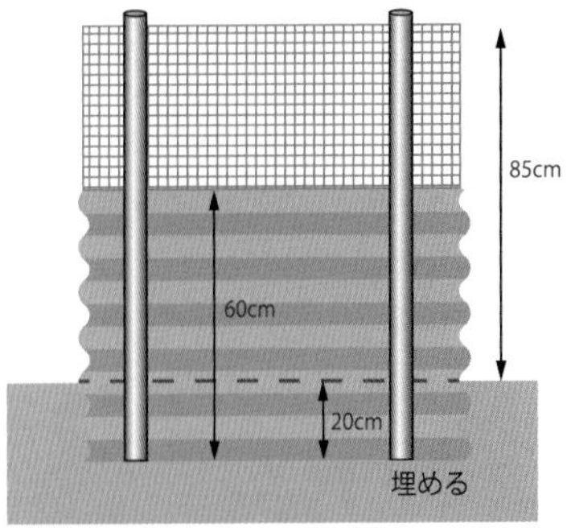

加害している獣種が 1 種の場合

サルを止めるためには、複合柵が有効です。サルは登ることが得意なので、物理柵だけではほとんど効果は望めません。また複合柵でも高さの足りない場合は直接飛び越えられたり柵周辺の屋根や樹から飛び込まれる可能性があるので、最低でも 150㎝の高さを確保してください。

加害している獣種が 1 種の場合

ハクビシン、アライグマを止めるには、電気柵が有効です。ハクビシンとアライグマは登ることが得意なので、物理柵を設置しても乗り越えてしまいます。また金網柵やワイヤーメッシュ柵の目合が 5 × 5㎝以上あると目合をすり抜けて侵入してしまいます。有効な電気柵の高さは地上から 5㎝と 10㎝の 2 段張りになります。最低地上高が 5cm と低いので、雑草管理を徹底しないと、漏電の原因になります。

加害している獣種が 1 種の場合

アナグマを止めるためには、ワイヤーメッシュ柵もしくはトタン柵の設置が有効です。ワイヤーメッシュを設置する場合は目合を 7.5 × 7.5㎝以下のものを使用してください。またメッシュ柵の下部 30㎝ほどを地面に埋めて設置してください。トタンは侵入防止に加えて視覚を遮る効果もありますが、下部を 20㎝程度埋めると地上部分が高さ 45㎝ほどになり、アナグマの前足が届く高さになってしまいます。このためトタンの上に防風ネットや目合の細かい金網を追加して必要な高さを確保します。

イノシシの生態と対策

イノシシは十二支（干支）のひとつで私たちにとってなじみのある動物ですが、意外とその生態は知られていません。被害対策の第一歩は、まずイノシシのことを正確に知り、圃場周辺の生活痕跡を見逃さないことです。

イノシシの生活痕跡（フィールドサイン）

生　態

食　性　雑食性で人間が食べるようなものはすべて食べます。農作物のほか、昆虫やミミズ、ネズミなどの小動物もエサとしています。草や木も食べます。

行　動　本来は日中に行動する動物ですが、人の少ない夜間に活発に行動します。落葉広葉樹林や茂み、耕作放棄地や竹林など食料になるものが豊富にあり、身を潜められる場所を好みます。記憶力がよく、侵入に成功した仲間の行動を真似するなど、高い学習能力を持ちます。その一方で警戒心が強くて臆病。通りなれたけもの道を往復して移動します。ジャンプ力があり、垂直に1.2mの高さを飛び越えるだけでなく、20㎝の隙間もくぐり抜けます。鼻で押し上げる力によって70㎏の石を簡単に動かすことができます。

繁　殖　交尾期は年に１回で12～２月頃、出産期は４～６月頃。満２歳で初産を迎え、平均４～５頭を産みます。寿命は雌雄ともに飼育下では10年以上、自然環境では５～６年程度。

イノシシの驚くべき身体能力

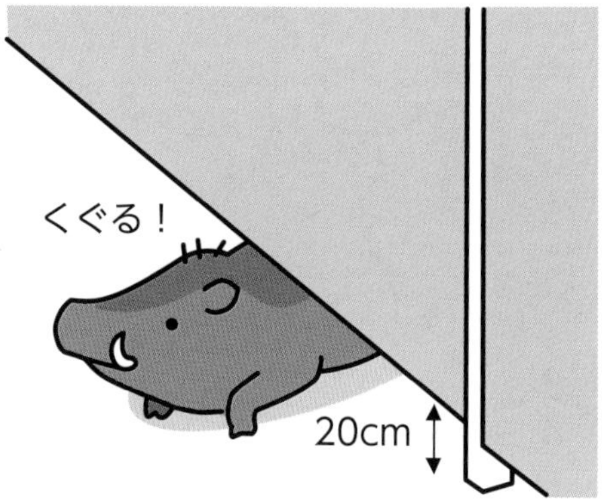

特　徴

- “猪突猛進”はパニックになって逆上した時の姿。本来警戒心が強く、臆病で注意深く、あまり人前に姿を現しません。反面、いったん慣れると大胆不敵にもなります。
- 鼻は敏感で、周囲の臭いや感触をさぐる際に使われる一方、地面を掘ることもできます。
- 体毛は太く、剛毛で、電気を通しにくくなっています。

被害状況

最大の被害は根菜類と乳熟期以降の水稲です。水稲では穂の食害のほかに、踏み荒らしとヌタウチによる倒伏もあります。

被害防止のためのワンポイント・アドバイス

ワイヤーメッシュ

ワイヤーメッシュ柵の設置例

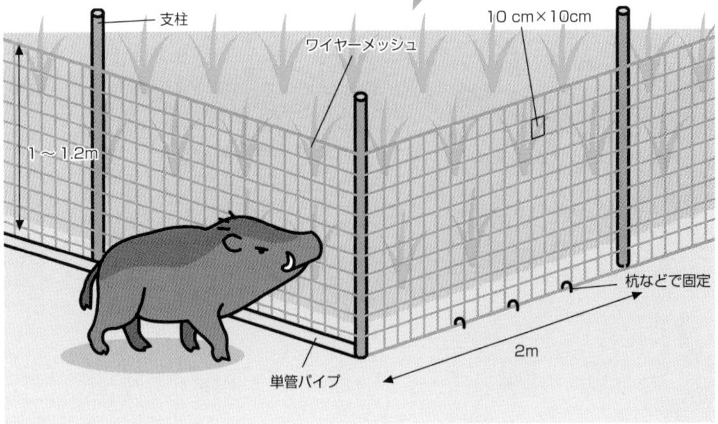

- ワイヤーメッシュは、丈夫な綱線を縦横に溶接した建築資材で、視覚的遮断効果はありませんが、強度に優れた柵として利用できます。
- 綱線が細いと折り曲げられ、升目が大きいとウリ坊に侵入されます。10㎝升目で太さ5㎜のものが理想です。しかし、値段が高く重いので、女性や高齢の方には扱いきれません。そこで3.2㎜や4㎜のものを使い、支柱の間隔を狭め、地際の補強をして利用してください。
- 飛び越えられないように十分な高さ（1～1.2m）を確保しましょう。
- 押し倒されたり、鼻で持ち上げられたりしないように適当な間隔で頑丈な支柱を立てます。
- 地面と接する部分をくぐり抜けられないよう、支柱の間2～3カ所に、杭などで固定するか、単管パイプなどを地面に這わせてあてがい、結束して補強します。
- 柵の上部30㎝を外側に20度折り曲げておくと、柵の高さを錯覚して飛び越える事をあきらめてしまいます。

電気柵

- イノシシの侵入防止を目的に電気柵を設置する場合、電線は地上から20㎝と40㎝の高さに1本づつ計2本張るのが基本となります。このとき支柱の間隔は2～3mほどにします。
- 電気柵による心理効果に加えて、トタン板で視覚も遮断することで侵入防止効果が高くなります。とくにイノシシに対して有効な複合柵です。

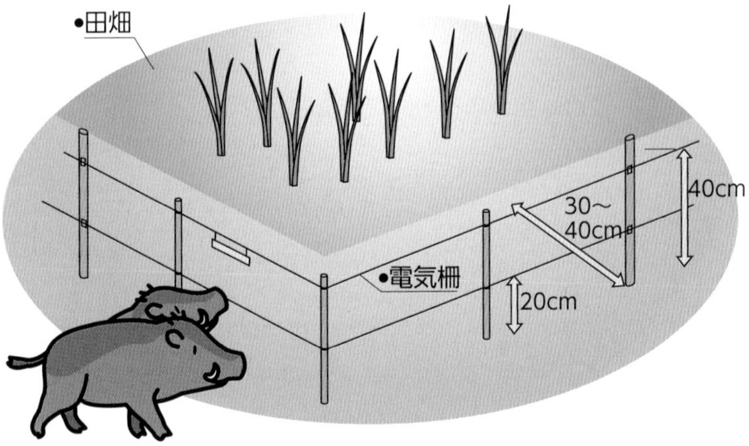

ニホンジカの生態と対策

ニホンジカ（以下シカとする）は森林と草原との間を行き交う「林縁の生活者」です。生息地が農林業生産の場と重なりやすく、被害を引き起こしやすくなります。被害を防止するためには、生態や特徴を正確に知り、集落内の生活痕跡は見逃さないことが大切です。

シカの生活痕跡（フィールドサイン）

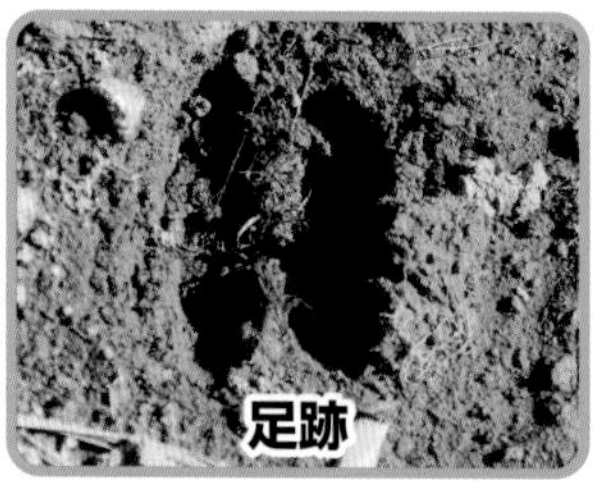

生　態

食　性　アセビなど特定のものを除いて、ほとんどの植物を食べる草食動物です。冬期には、秋に草刈りをした道路わきやあぜなどに芽吹いた緑草を好んで食べます。

行　動　1.6m以上の高さを超えるほどのジャンプ力を持っています。ただし、かかとが丈夫ではないため、網などのかかとを傷つけるものを嫌います。通常雄と雌は別々の群れをつくって行動しています。活動は昼夜を問わず、2～3時間採食して、2～4時間反芻をするリズムをくり返しています。

繁　殖　交尾期は年1回で、9～11月頃、出産期は5～6月頃。満2歳で初産を迎え、以後毎年1頭を出産します。寿命は10～12歳程度です。

特　徴

- 警戒心が強いですが、図太さも持ち合わせています。
- 昼間は森林域にいて、田畑には夜間に出てくることが多くなります。
- 視覚と聴覚は人間と大差ありませんが、嗅覚が発達していて、臭いで危険を察知します。「ピィッ」という警戒音を発して仲間に危険を知らせます。
- 田畑の地際にすき間があれば、くぐり抜けることができます。

被害状況

主に食害で、食性の幅の広さから水稲、大豆、野菜、飼料作物など、あらゆる農作物が対象となります。水稲では踏み荒らしも深刻です。

被害防止のためのワンポイント・アドバイス

1 防護柵の高さは1.5m以上に！

- 防護柵によって物理的にシカの侵入を防ぐのが最も効果的です。
- 柵にはトタン、ネット、金網フェンス、電気柵などがありますが、柵の高さを1.5m以上にする必要があるため、シカにトタン板は向いていません。
- ネット柵の場合ネットの上部を横パイプで補強することも有効です。
- 対象となる動物がシカだけの場合には、電気柵の必要はなく、効果や耐久性からすると、高価ですが金網フェンスも有効な選択肢の一つです。

ネット柵の設置例

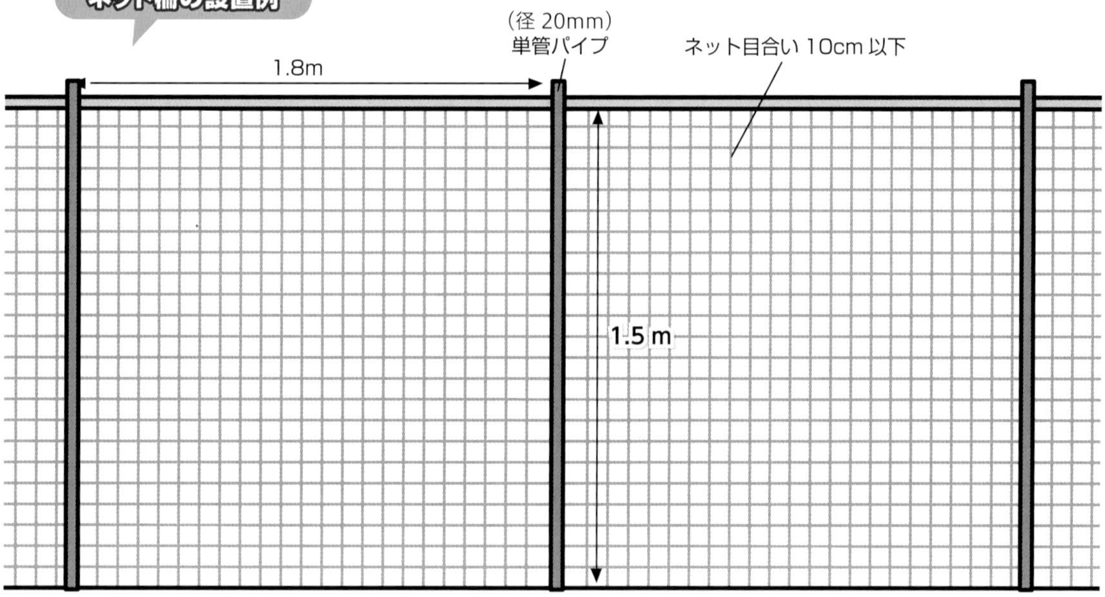

2 電気柵の活用

電気柵を設置する際は電線を20㎝間隔で7～8段張りにします。電線の間隔が30cm以上あったり、通電していないなどの不備があると、シカが電線をくぐるようになります。この際電気柵の奥に防風ネットなどを設置するとシカに警戒心が呼び戻され、また電線に触れるようになります。

3 定期的に柵のメンテナンスを！

柵に穴が空いたりすると、シカはその穴の場所を覚えて執拗に侵入しようとします。補修はしっかりと行い、侵入されないように定期的な管理が必要です。

ニホンザルの生態と対策

ニホンザル（以下サルとする）は学習能力が高い動物です。どんなときに何をすれば農作物を守れるのかを知るためには、まず知恵比べの相手であるサルのことを知っておくこと。“まず柵ありき”は間違いです。

生　態

食　性　雑食性で、植物性のものを中心に食べ、果実や虫も好んで食べます。トウガラシ、コンニャク、シソ、ゴボウ、ショウガ、ワラビなど、辛味や香り、アクの強い植物を避ける傾向が見られます。

行　動　早朝と夕方が採食のピークで、日の出から日没までの明るい時間に行動し、夜間は活動しません。群れによる集団で行動し、決まった行動範囲の中で周期的に動きます。群れはメスと子どもを中心に構成され、十数頭から百頭を超えることもあります。オスは大人になると群れを離れて単独で行動したり、他の群れに移ったりします。集落内の食べられるものを少しずつ覚えていきます。木登りとジャンプが得意です。

繁　殖　交尾期は年１回で秋から冬、出産期は春から夏です。２〜３年に１頭の割合で出産しますが、餌が豊富にあると年１頭ずつ産みます。寿命は20歳前後です。

タケノコも大好物

特　徴

- 視覚、聴覚、嗅覚、触覚、味覚は人間とほぼ同じです。
- 一度味わった恐怖体験は忘れません。場所や状況も覚えています。
- 土地への執着は深いが、群れ同士のバランスがくずれたり、環境に大きな変化があれば新しい土地に適応する柔軟さもあります。
- 新しいものや状況、場所を警戒しますが、いったん慣れると大胆に行動します。“人慣れ”が進むと追い払うのは難しくなります。
- 長距離を走るのは苦手で、安全な場所から離れることを嫌がります。
- 群れで行動するので、数頭が柵越えしても他のサルが入れないとその餌場はあきらめます。

被害状況

- 主に果樹、野菜、水稲、大豆、イモ類が食害されます。
- 群れで加害するので、短時間でも被害が大きくなります。

オスは単体で行動することも

被害防止のためのワンポイント・アドバイス

❶ 地域ぐるみで「追い払い」を！

サルの唯一の天敵は人間です。侵入したところを脅かされるなど、怖い目にあうことの多い集落は次第に避けるようになります。
追い払いなどの威嚇する行為は、あきらめずに集落全体で力をあわせて根気よく進めることが必要です。

---

❷ サルの習性を考えて柵の設置を！

防護柵を設置するのは一つの方法です。しかし、柵が樹木や建物のそばにある場合、ジャンプして柵を乗り越えます。飛び移れないように防護柵は周囲の樹木や建物などから５m以上あけることが必要です。また、サルが手を伸ばしても盗まれないように、農作物は柵から離して植えつける必要があります。
サルは柵を登ることが出来るので、金網柵と電気柵を組み合わせた複合柵が有効です。

---

❸ ワイヤーメッシュ ＋電気柵

おじろ用心棒は、ワイヤーメッシュなどの金属柵の上部に電気柵を付加したもので、多獣種を対象としサルにも有効な複合柵です。従来の電気柵と異なるのは、サルが柵を登るときに掴みやすい支柱にもアルミテープや電線を巻き付けることで通電性を持たせていることです。このおかげでサルが支柱を伝って柵を乗り越えようとしても、途中で感電してしまいます。ただ設置の際の注意点もあり、ワイヤーメッシュ部と電線の間隔を10cm以上開けると、サルの侵入防止効果が激減するため、設置時には注意する必要があります。

「おじろ用心棒」設置マニュアル　https://www.pref.mie.lg.jp/nougi/hp/70029026952.htm

既存のイノシシ・シカ用のフェンスに「おじろ用心棒」を追加してサル対策とすることも可能

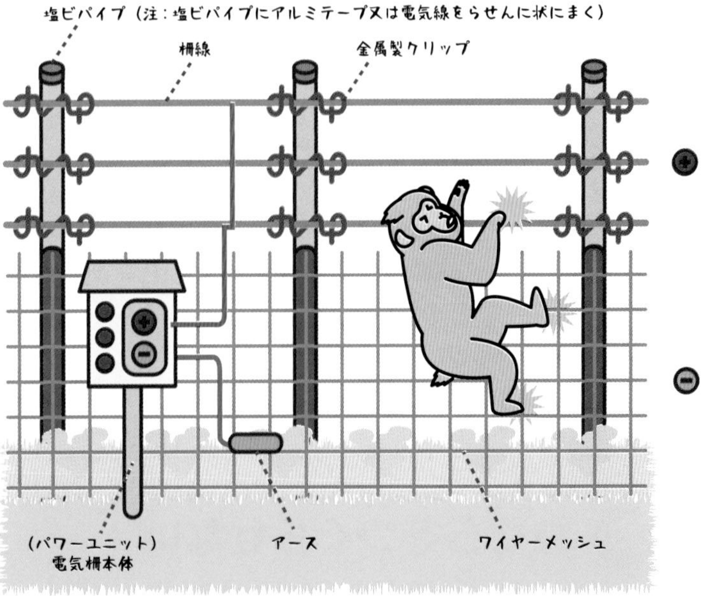

ハクビシンの生態と対策

ハクビシンの名のとおり、鼻筋に大きな白い帯が通っています。家ネコぐらいの大きさのジャコウネコ科の動物で、木登りが得意です。バランス感覚にも優れていて、電線渡りもお手のもの。樹上で生活することが多く、穴掘りは苦手とします。

生　態

食　性　果実食中心の雑食性で、果実の他に鳥類、昆虫類、ミミズ、小魚、トカゲ、ネズミなどを捕食します。特に鳥類に対しては高い嗜好性を示し、ハクビシンの胃内容物から鳥の痕跡が多数見つかっています。

行　動　夜行性で、日中は神社・仏閣や空き家、タヌキなどが掘った巣穴を利用し、夜になると里山や人家の周辺に出没します。また、高さ1m、幅1.2mくらいはジャンプして乗り越えられる能力をもっています。

繁　殖　年間を通して発情・出産します。妊娠期間はおよそ2ヶ月ほど。性成熟は2年ほどで、1度におよそ1～4頭を出産します。野生での寿命は7～10年ほどではないかと考えられています。

被害防止のためのワンポイント・アドバイス

❶ 被害の拡大を阻止

木登りが上手く、バランス感覚の発達しているハクビシンは、ネットなどの物理的な柵では効果を望めません。また、防鳥網ぐらいでは食い破られますし、光、音、臭いも短期的な効果しかありません。

❷ 電気柵を工夫して使う

もっとも効果が期待できるのが、電気柵です。ブドウ棚上電気柵は、登ってくるハクビシンを棚上で撃退するもので、登ることが得意なことを逆手に取った対策。ただしブドウの新梢が伸び導線に触れると漏電を起こすのでこまめな管理が必要です。このほか「白落くん」「楽落くん」といった動物の行動を利用した防護柵があります。

（詳しくは11ページをご覧ください）

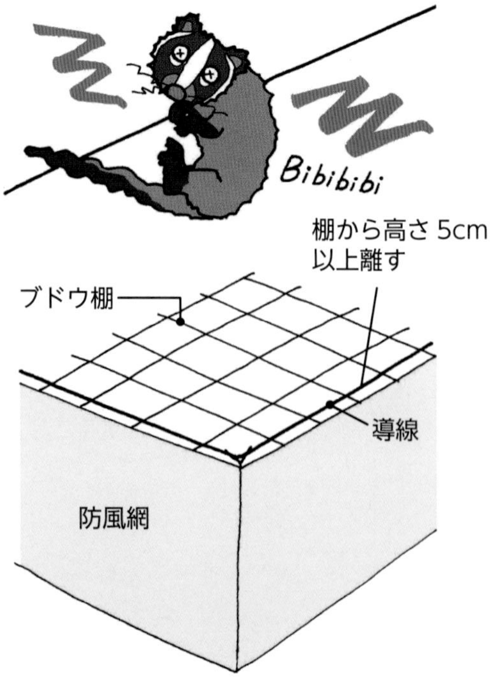

❸ ねぐらをつくらせない

ハクビシンは餌場の近くにねぐらをつくります。よく被害を受ける周辺の建物で天井裏や壁のすき間などを点検してみましょう。寺社なども含め、建物のすき間をなくして、ねぐらをつくらせないようにしましょう。

アライグマの生態と対策

カナダ南部から中央アメリカに分布するアライグマ科の哺乳動物。日本へペットとして入ってきたものが野生化し、分布域を拡大してきている。尾にあるシマ模様が他の動物と見分ける際の大きなポイント。

生　態

食　性　小型哺乳類、鳥類、両生類、魚類、昆虫、農作物など、なんでも食べる雑食性で、しかも大食漢です。

行　動　夜行性で、日中は、高い樹上や家屋の屋根裏などのねぐらで休みます。5本指の爪を立て、木や柱、壁を登るのが非常に得意です。小川や用水、側溝などを歩いて移動します。

繁　殖　成長が早く、1歳になるとメスは繁殖できます。3月下旬から5月上旬にかけて、1～6頭の子供を産みます。野生の個体の寿命は7～8年といわれています。

スイカは穴をあけ、中に手をつっこんで食べる

特　徴

- 体長は40～60㎝、体重は3～8㎏で中型犬くらいの大きさです。オスではまれに10㎏を超える個体も見られます。
- 最大の特徴は、シマ模様のしっぽです。

被害防止のためのワンポイント・アドバイス

1 餌を与えない

見た目は可愛くとも、絶対に餌は与えてはいけません。生ゴミを畑に不用意に捨てたり、廃棄する作物を畑に野積みして放置したり、果物をなりっぱなしにすることのないようにしましょう。

2 ねぐらをつくらせない

アライグマの侵入口になりそうな壁や床下、屋根の近くの隙間はふさぐようにしましょう。特に、神社などの古い木造建築は、ねぐらや繁殖場所に使われやすいので注意が必要です。

3 積極的に捕獲する

繁殖力が強いアライグマは、個体数を減らすべく、積極的に捕獲する必要があります。捕獲には、箱わなが効果的です。

「特定外来生物」アライグマの捕獲

ペットとして北米から日本に持ちこまれたアライグマは、急激な数で増え続けています。農林業や生態系に大きな影響を与えることから「外来生物法」（平成17年施行）に基づいて、「特定外来生物」に指定されており、したがって狩猟免許取得者だけでなく、特定の講習を受けた者も捕獲を行うことができます。

鳥獣保護法と外来生物法のちがい

鳥獣保護法（有害鳥獣捕獲）
　捕獲期間…随時
　運搬…捕獲者が運搬

外来生物法
　捕獲期間…年中（年度ごとに更新）
　運搬…地方公共団体の職員のみが運搬可能

アナグマの生態と対策

アナグマはイタチの仲間ですが、イタチやテンのように俊敏で木登りが得意ではありません。しかし、発達した前肢で穴を掘るのが得意なため、農地侵入の達人でもあります。アナグマの別名としてムジナ（貉）やマミと呼ばれることもあります。

生　態

食　性　雑食性でミミズや土壌性昆虫、地上に落ちた木の実などを採食します。時にはカエルやモグラ、ヘビ、小鳥なども食べることもあります。イチゴ、スイカ、ウリ類、トウモロコシ、稲など、野菜や穀類も食べます。

行　動　基本的に夜行性で日中は巣穴で過ごすことが多くなります。母子を中心に生活していますが、巣穴や餌場を共有する雄がいて、その雄も巣穴では子と接触し世話をすることもあります。

繁　殖　1回の出産で3頭ないし4頭の子を産みます。子は未熟な状態で生まれ、体長は約7～8㎝ほどで、ほとんど無毛です。生後1ヶ月ほどで黒っぽい体毛が少しずつ生えてきます。しかしそれ以外は外貌に大きな変化は見られず、目もまだ空いていません。その後、2ヶ月齢になると少しずつアナグマらしい形態になります。

斜面地などに巣穴を掘って生活する

被害防止のためのワンポイント・アドバイス

❶ 農作物被害対策

被害を避けるためにはアナグマを定着させないことが肝心です。アナグマは一度食べ物の場所を認識するとしつこく侵入を繰り返すので、なるべく早く柵を設置することが重要です。農地の近くに巣穴を見つけたら被害が出る前に対策を講じましょう。燻り出しや巣穴をふさいでしまうなどの嫌がらせも効果的です。作物残渣や落下果樹はアナグマを寄せてしまいますので、回収したり、土に埋めるなど放置しないようにすることが大切です。

❷ 柵設置の注意点

①目合いが7.5㎝四方以下のワイヤーメッシュ（金網）
②柵は地面に埋め込む
③隙間を空けない

アナグマにも電気柵は有効な対策ですが、あまり実用的とはいえません。地面から10㎝以下の間隔で4段以上、高さ40㎝になるまで張りますが、下草の管理が大変です。しかし下草の心配のない場所や雑草抑制シートとの併用ができる場合は選択の余地があります。
アナグマに侵入されないためには、右図が重要です。
トタン板を使用する場合、地面に20㎝程度埋め込むと、地上部の高さが45㎝となり、アナグマの指先が柵のてっぺんに届いてしまうので注意が必要です。この場合は防風ネット等を追加し高さをつけるとよいでしょう。防風ネットは4㎜以下の目合いであれば、歯や爪を入れることが難しくなります。金網ではよじ登ってしまう可能性があるため、この場合は不向きです。

カラスの生態と対策

農作物に被害を出すのは、ハシブトガラスとハシボソガラスの2種類で、鳥類の中ではもっとも大きな被害をもたらします。何でも食べるため、被害は野菜から果樹、イネモミ、飼料作物までほとんどの農作物に及びます。

生　態

食　性　農作物全般を食害するほか、バッタ類やコガネムシなどの昆虫類をよく食べます。ザリガニ、ヘビ、カエル、ネズミなどに加えて、動物の死体、残飯なども食べ、「掃除屋」との異名もあります。春は、播種・発芽期のトウモロコシや直播水稲を狙うこともあります。

行　動　カラスはもともと人の営みにつかず離れず生きてきた鳥です。したがって、人のそばで生き抜くために人がすることをよく観察しています。

繁　殖　繁殖は2、3月頃から始まり、3～5個の卵を産み、ヒナは5～7月頃に巣立ちます。夏から秋には若いカラスの群れがよく見られます。若いカラスの生き残り率は低く、生後2～3年以上たたないと繁殖に参加できません。夜眠るために集まるねぐらは、冬は数千羽にもなります。なわばりを持つ親鳥は、10年以上自分のなわばりを維持した例があります。

被害防止のためのワンポイント・アドバイス

1 知らずに行っている餌付けをなくす

餌へのこだわりがなく、なんでも食べるので、農家の屋敷まわりや集落はカラスにとって餌の宝庫となります。知らず知らずに行っている無意識の餌付け(生ゴミや放置された野菜クズ、取り残し果実など)をカラスの目線でチェックしてみましょう。

2 テグスで防ぐ

カラスは畑を狙う際に様子を伺う見張り台のようなところにいったん止まって、安全かどうか、回りの様子を確認してから侵入します。そこで、侵入路をつぶすようにテグスを張る、畑の隅まで広めに張るといった工夫も効果的です。「くぐれんテグスちゃん」や「畑作テグス君」は、テグスを使った安価で簡便なカラス侵入抑制技術です(詳しくは農研機構の動物行動管理グループのHPをご覧ください。http://www.naro.affrc.go.jp/org/narc/chougai/)。

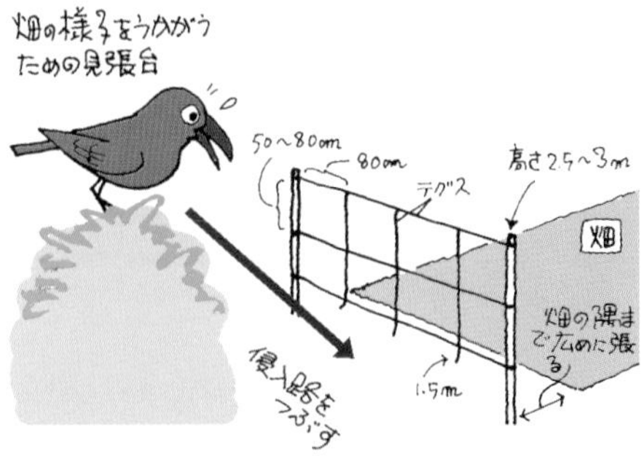

3 あきらめずカラスの「慣れ」を防ぐ

防鳥テープや爆音器、カラスの死体や模型、黒ビニールなど、カラスを追いやるさまざまな方法が試されてきました。これらは一時的には効果を発揮するものの、慣れてしまいます。頭のいいカラスの「深読み」をさそって、「慣れ」を防ぐのがカラス防除のポイントです。道具を複合的に組み合わせる、効かなくなったら片付け、別の道具をセットするなど、手を緩めないようにしましょう。

ヌートリアの生態と対策

中南米を原産とする齧歯目ヌートリア科の動物。日本へは昭和の中頃に毛皮を目的に輸入され飼育されました。その後1950年代以降に大規模な放逐があり、野生化しました。

生　態

食　性　基本的には草食性で水性植物や水辺周辺の植物を食べます。茎や地下茎を好む傾向があり、農作物ではイネを好んで食べます。稀に貝などの餌をとることもあります。

行　動　夜行性ですが、それほど厳密なものではなく、必要であれば日中でも活動します。
流れの穏やかな河川や湖沼に生息し、堤防や土手に複数の横穴を開けて巣にします。
また、水上に植物を寄せ集めて、「プラットホーム」と呼ばれる浮き巣を作ることもあります。

繁　殖　特定の繁殖期を持たず、通年で繁殖が可能で、年に２～３回の出産を行います。妊娠期間はおよそ１３０日前後。雌は生後６ヶ月ほどで性成熟し、繁殖が可能となります。

特　徴

- 頭胴長は50 ～70cm、尾長30 ～ 40cm、体重4.5 ～7kg
- 体毛は茶褐色をしており、ドブネズミのような円柱形の尾をしています。上下2対の大きな門歯はオレンジ色をしており特徴的です。後ろ足には水掻きがあります。寒さに弱く、冬季には活動が鈍くなります。

分　布

中国地方を中心とした18の府県で生息が確認されています。今のところ、四国と九州に定着したという確実な情報は見られませんが、本州では山口県まで定着が確認され、瀬戸内海の島嶼部でも捕獲されていることから、いつ四国や九州に生息範囲を広げてもおかしくない状況です。

被害防止のためのワンポイント・アドバイス

1. ヌートリアは水辺から離れることを好まないので、水辺から農地までの経路の見通しをよくすることで、ヌートリアが移動しずらくさせることができます。このためには農地周りの刈り払いや水辺（巣穴）周辺の刈り払いが重要です。

2. ヌートリアの侵入を防ぐには、物理柵と電気柵を組み合わせた、複合柵が有効です。物理柵の地上高は最低40cmを確保しなければなりませんが、ヌートリアは地面を掘って侵入することがあるため、柵を20cm程度地中に埋める必要もあります。このため、利用する資材によっては高さが足りなくなることもありますが、その場合は樹脂ネットや金網柵等を上部に追加するなどして高さを確保してください。ネット柵はヌートリアの鋭い門歯で噛み切られることがあるので、金網柵もしくは融着樹脂ネットなどと組み合わせてを使うとよいでしょう。ワイヤーメッシュ柵を利用する場合は目合いが正方形で大きすぎないものを使ってください。
組み合わせる電気柵は物理柵の外側もしくは物理柵の上部に取り付けます。

野生イノシシの豚熱防疫

イノシシ対策を実施する上で知っておくべきこと

江口 祐輔

豚熱の発生

2018年9月に我が国で26年ぶりに養豚場で豚熱（CSF）の発生が確認されました。

その後、豚熱は本州、四国、九州の20都県（2023年9月現在）で発生し、35万頭以上の豚が殺処分になりました。また、野生イノシシにもPCR検査が行われ、豚熱の陽性となった個体は34都府県で5000頭以上に上ります。（参考：農水省HP『豚熱（CSF）について』https://maff.go.jp//j/syouan/douei/csf/index.html）

このため一般市民の多くは、現状の養豚場における豚熱は野生イノシシから感染していると思っています。ところが実際には、野生イノシシから養豚場の豚に直接感染したケースは1件も確認されていません。もちろん、イノシシと豚との接近・接触を回避できれば、豚熱の感染経路の一つを遮断することはできます。しかし、より優先されるべき豚熱対策は、農場において実施できる徹底的な防疫体制を構築し、少しでもヒューマンエラーを減らすことです。

豚熱は養豚の問題であり、養豚場を守るところから始まり、豚への豚コレラワクチン接種を徹底し、養豚場間や養豚関連施設間の感染対策を徹底しつつ、野生イノシシの感染拡大について対応する必要があります。「豚の対策」と「イノシシの対策」が整理され、それぞれに対応することが重要です。

農場を守る対策について

豚熱があくまでも養豚の問題であることを理解しつつ、現時点で豚熱における野生イノシシ対策としてできることを考えてみます。イノシシを豚や農場に近づけないためには、農場内にあるイノシシを惹きつける原因を特定し、できるだけ排除しなくてはなりません。

豚とイノシシは生物学的には同じ動物であり、豚はイノシシに比べて発情兆候がとても明確かつ強いため、開放的な養豚場では雌豚は雄イノシシを誘引しやすくなります。また養豚や酪農における飼料作物、牧草、配合飼料など栄養価の高い餌もイノシシを引き寄せます。特にイタリアンライグラスなどの寒地型牧草は野生動物にとって最も餌条件の厳しい冬に最高の餌となります。堆肥場は残餌が含まれ、冬場は堆肥の発酵熱を求めて休息の場になります。複数の農場の堆肥を集める堆肥センターは、農場間での病原体交差汚染の原因になる可能性も考えられます。

対策としてはまず、こぼれた餌や残餌を野生動物に食べられないよう、配合飼料の保管場所周辺や畜舎内をこまめに清掃します。また牧草地や飼料作物をイノシシから守る対策も必要です。盗食された場合は地面に付着した唾液等が管理者の靴底についてしまう可能性があるので消毒を徹底します。堆肥場も囲って野生動物の侵入を防いでください。特に複数の農場が利用する堆肥センターでは、立ち入った車両や作業服の十分な消毒や着替えを行います。

イノシシの農場への侵入防止にはどのような囲いが必要か

イノシシを農場内に侵入させないという意識からウィルスを侵入させないようにする意識の転換が必要になります。イノシシの侵入を阻止するだけなら、5cm目合のワイヤーメッシュで隙間なく囲い、地際を鉄パイプやコンクリートなどで補強すれば良いでしょう。5cmであれば、生まれたばかりの幼齢個体でも侵入できません。しかし、ウィルスの侵入を防ぐとなると話は違います。イノシシが鼻や口で柵に触れた場合、ウィルスがいる体液や飛沫が柵に付着します。したがって、柵に付着したウィルスに触れないように二重の柵にする必要があります。また、ウィルスがイノシシから直接もたらされる可能性よりも、イノシシと同じ餌場や獣道、ぬたば（泥浴び場）などを利用している中型、小型の野生動物（たぬき、キツネ、ネズミなど）に付着したウィルスが農場内に持ち込まれる可能性の方が高いのです。このような状況に備えるためには工事現場でよく使われている囲いの安全鋼板を用いた囲いが推奨されます。既に韓国の農場ではこのような資材を使っている農場が多いそうです。

豚熱感染区域でのイノシシの捕獲

豚熱に感染したイノシシが発見された場合、そこから半径10kmは豚熱感染区域としてイノシシの取り扱いが制限されます。まず、捕獲されたイノシシは全てみなし陽性個体として扱われるため、食肉の流通は禁止されます。イノシシの扱いにも厳格な衛生管理と処理が求められます。しかし、イノシシの感染が落ち着いてきた地域で、捕獲個体のPCR検査を行い、陰性の場合は食用としての流通が許可されます。この場合でも、陽性個体と陰性個体を衛生的に管理するため様々な決まりがあるので注意が必要です。

（麻布大学　生命・環境科学部）

被害を減少させる捕獲の考え方

加害個体の捕獲には有効な手法

農作物被害を減少させるには加害個体の捕獲が必要です。田畑に侵入していない山の個体をいくらとっても被害の減少にはつながりません。山の10頭より里の1頭の捕獲が大事なのです。しかし、単に農地の周辺に箱わなを設置するだけでは効率的に加害個体を捕獲することはできません。なぜならイノシシなどの野生動物は無防備な田畑の隣に設置されている怪しい箱わなよりも、通い慣れた美味しい畑を選択するからです。

一般に箱わなで利用されている餌は米ぬかや周囲の作物と同じものです。野生動物から見ると、怪しい檻の中にある普段と同じ餌を無理をして食べる理由がありません。したがって、箱わなの餌の価値をわな周辺の餌となるものから相対的に高くしなければ誘導することは困難です。しかし、野生動物にとって農作物は最高級の餌ですから、これよりも美味しい餌を見つけるのは容易ではありません。このようなイノシシを捕獲したいのであれば、農地周辺の環境整備を行い、放任果樹や収穫残渣などを除去します。そして、動物の行動特性を考慮した柵を正しく設置することが重要です。こうなれば農地周辺の餌がなくなり、田畑に侵入することができできなくなった加害個体は、怪しい檻の中の餌を魅力的に感じるようになります。つまり、環境整備や柵の設置といった既在の総合獣害対策こそが効果的な捕獲の一助となるのです。

農作物被害対策としての捕獲であれば、箱わなが最も適しています。箱わなは銃猟などと異なり農地周辺で加害個体の捕獲に利用できること。手負いの個体を作りにくいこと、初心者にも安全性が高いなどのメリットが多くあります。一方、一度に複数個体を捕獲するには技術が必要であったり、餌の管理が不可欠であることなどのデメリットもありますが、農作物被害対策の観点からみると、最適な手法と言えるでしょう。大型の捕獲檻についても、手負いの個体を作りにくいことや、一度に複数個体を捕獲できるなどのメリットがあります。デメリットは設置可能な場所が限定されることや、設置後の移動が困難であること、餌の管理が不可欠であることが挙げられます。しかし集落内で使うことを考えると手負い個体を作りにくいなど安全性の面から比較的被害対策に向いている手法です。

箱わなや大型檻の使用で注意すべきこと

春から夏にかけて有害駆除や特定管理計画で箱わなを仕掛けると、ウリ坊だけが一腹まとめて捕まることがあります。これは被害対策としては大失敗です。母イノシシは出産後1、2ヶ月で子を失うと泌乳が止まり発情が再開します。雌は雄と交尾して秋に再び子を産むことになります。捕獲の優先順位は、①親子全個体を捕獲する②親を含めて子を捕獲する③親だけ捕まえるとなるので、子だけ全頭捕獲することは避けるべきです。

編集協力：古谷益朗、江口祐輔、山口恭弘

参考文献：井上雅央著『これならできる獣害対策』（以下 農文協刊）／江　　畑を守る』／農文協編『別冊 現代農業 鳥害・獣害こうして防ぐ』他

ISBN978-4-540-23171-1

C2061 ¥600E

定価（本体600円＋税）

みんなで　　マニュアル

2023年

発行： 株式　　ン

発売： 一般　　会

株式会社 農文協プロダクション

〒335-0022 埼玉県戸田市上戸田2-2-2

電話 048-233-9373 FAX.048-299-2814

chojugai@sinseisaku.co.jp